3Ds Max

室内设计与应用 实训指导手册

潘筑华　杨 逍◎主编

3Ds Max

INTERIOR DESIGN AND
APPLICATION
SKILLS TRAINING GUIDE

U0226458

经济管理出版社

ECONOMY & MANAGEMENT PUBLISHING HOUSE

图书在版编目（CIP）数据

3Ds Max 室内设计与应用实训指导手册/潘筑华，杨逍主编. —北京：经济管理出版社，2014.6
ISBN 978-7-5096-3287-1

Ⅰ.①3… Ⅱ.①潘… ②杨… Ⅲ.①室内装饰设计—计算机辅助设计—三维动画软件—中等专业学校—教学参考资料 Ⅳ.①TU238-39

中国版本图书馆 CIP 数据核字（2014）第 174705 号

组稿编辑：魏晨红
责任编辑：魏晨红　周晓东
责任印制：黄章平
责任校对：超　凡

出版发行：经济管理出版社
　　　　　（北京市海淀区北蜂窝 8 号中雅大厦 A 座 11 层　100038）
网　　址：www. E-mp. com. cn
电　　话：(010) 51915602
印　　刷：三河市延风印装厂
经　　销：新华书店
开　　本：889mm×1194mm/16
印　　张：5.75
字　　数：151 千字
版　　次：2014 年 6 月第 1 版　2014 年 6 月第 1 次印刷
书　　号：ISBN 978-7-5096-3287-1
定　　价：20.00 元

序

为深入推进国家中等职业教育改革发展示范学校建设，努力适应经济社会快速发展和中等职业学校课程教学改革的需要，贵州省商业学校作为"国家中等职业教育改革发展示范学校建设计划"第二批立项建设学校，按照"市场需求，能力为本，工学结合，服务三产"的要求，针对当前中职教材建设和教学改革需要，在广泛调研、吸纳各地中职教育教研成果的基础上，经过认真讨论，多次修改，我们编写了这套系列教材。

这套系列教材内容涵盖"电子商务"、"酒店服务与管理"、"会计电算化"、"室内艺术设计与制作"4个中央财政重点支持专业及德育实验基地特色项目建设有关内容，包括《基础会计》、《财务会计》、《成本会计》、《会计电算化》、《电子商务实务》、《网络营销实务》、《电子商务网站建设》、《商品管理实务》、《餐厅服务实务》、《客房服务实务》、《前厅服务实务》、《AutoCAD 室内设计应用》、《3Ds Max 室内设计与应用》、《室内装饰施工工艺与结构》、《室内装饰设计》、《贵州革命故事人物选》、《多彩贵州民族文化》、《青少年犯罪案例汇编》、《学生安全常识与教育》共 19 本教材。这套教材针对性强，学科特色突出，集中反映了我校国家改革示范学校的建设成果，融实用性与创新性、综合性与灵活性、严谨性与趣味性为一体，便于学生理解、掌握和实践。

编写这套系列教材，是建设国家示范学校的需要，是促进我校办学规范化、现代化和信息化发展的需要，是全面提高教学质量、教育水平、综合管理能力的需要，是学校建设职业教育改革创新示范、提高质量示范和办出特色示范的需要。这套教材紧密结合贵州省经济社会发展状况，弥补了国家教材在展现综合性、实践性与特色教学方面的不足，在中职学校中起到了示范、引领和辐射作用。

前　言

　　《3Ds Max 室内设计与应用实训指导手册》是《3Ds Max 室内设计与应用》核心课程教材的有力补充，是指导学生亲自上机实践 3Ds Max 软件并最终能运用该软件绘制室内、外装饰效果图的教材。本书结合专业领域特点、学生综合水平以及其他同类教材的优点，通过室内装饰设计资深教师的经验总结编写而成，是一本符合广大中等职业院校学生学习特点的教材。

　　本书共设计了 17 个实训，17 个实训按教学大纲的要求循序渐进、由浅入深地进行，同时做到前后贯穿一体。通过上机实训，使学生能全面理解利用 3Ds Max 软件进行室内设计的方法，掌握室内设计及室内设计效果图制作的思路和方法。同时，兼顾了实用性和对学生动手能力方面的培养。认真完成本书的 17 个实训后，学生应具有进行室内设计效果图制作的基本技能。通过实训课程的学习，应使学生达到以下基本要求：

　　1. 了解 3Ds Max 的应用领域；

　　2. 掌握 3Ds Max9.0 的系统安装步骤，熟悉 3Ds Max9.0 的界面及基本功能；

　　3. 掌握几何体的建模方法，并能用修改工具对几何体进行修改和变形；

　　4. 掌握复合物体的建模方法；

　　5. 掌握将二维图形修改为三维造型的方法；

　　6. 掌握材质编辑器和贴图的使用；

　　7. 掌握灯光的创建与设置；

8. 掌握室内设计场景模型的创建方法；

9. 掌握 VRay 材质与灯光的创建和设置方法。

《3Ds Max 室内设计与应用实训指导手册》坚持"以实用为主，以够用为度"的原则，并充分考虑中等职业院校学生的知识结构能力和贵州省商业学校室内设计专业的特色。因材施教，以简练直观的形式将实训过程和结果展示在同学面前，通过上机实训能较好地增加学生对室内设计软件的理解。

《3Ds Max 室内设计与应用实训指导手册》的软件操作和运行机制环境是 Windows7 和在微机系统中安装 3Ds Max9.0 以上的中文或英文版软件。

本书由潘筑华（项目四）、杨逍（项目一、项目二、项目三、项目五）任主编；陶晓晨（项目六、项目七、项目八）、谢代欣（项目九）任副主编；李静瑶（项目十）参编。

由于编者水平有限，难免有错误之处，敬请读者批评指正。

编者

2014 年 3 月

目　录

实训一

电扇模型创建

 实训目的与要求

（1）掌握 3Ds Max 软件基本体建模命令。

（2）掌握简单模型的创建方法。

（3）掌握简单模型的修改方法。

 实训条件

（1）实训设备：多媒体计算机。

（2）实训软件：Windows7、3Ds Max 软件。

 实训内容

（1）3Ds Max 软件中保存文件、设置单位的操作。

（2）利用 3Ds Max 软件基本三维建模命令创建简单模型。

（3）3Ds Max 软件简单模型的修改操作——FFD 修改器、多边形建模工具。

（4）利用基本体建模命令和简单的模型修改命令，完成电扇模型的创建，如图 1-1 所示。

图 1-1

 实训步骤

1. 制作吊扇主体

（1）启动软件后，先保存文件和设置单位，单位为"毫米"。

（2）利用 ![icon]（创建）→ ![icon]（几何体）→ "圆柱体"工具在顶视图创建圆柱体后，再利用"转换为"→"转换为可编辑网格"命令，和 ![icon]（选择并均匀缩放）工具，调整"圆柱体"的形状，直至获得满意的电扇主体造型，如图 1-2 所示。

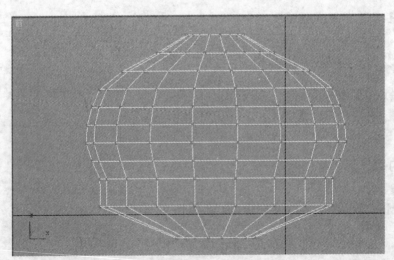

图 1-2

2. 制作吊杆

（1）利用 ![icon]（创建）→ ![icon]（几何体）→ "圆柱体"工具在顶视图创建圆柱体后，

再利用 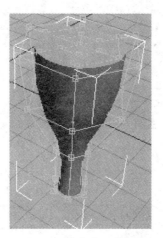（修改）→"修改器列表"→"FDD（圆柱体）"命令，为对象添加自由变形修改器，配合 （选择并缩放）工具调整"圆柱体"形状，直至获得满意的吊杆造型，如图 1-3 所示。

图 1-3

（2）使用 （选择并移动）工具将创建的吊杆和风扇主体组合在一起。如图 1-4 所示。

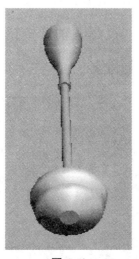

图 1-4

3. 制作扇叶

（1）利用 （创建）→ （几何体）→"长方体"按钮在顶视图创建长方体后，再利用 "转换为"→"转换为可编辑网格"命令，将其转换为可编辑网格，配合 （选择并均匀缩放）工具、 （选择并移动）工具以及 （选择并旋转）工具调整

"长方体"形状，直至获得满意的扇叶造型。

（2）使用 ✥（选择并移动）工具将扇叶与吊扇主体对齐，如图 1-5 所示。

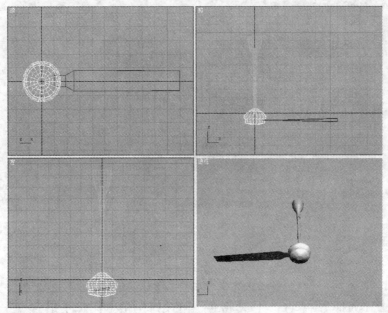

图 1-5

（3）调整扇叶的轴心，利用 ◈（对齐）工具调整扇叶与主体的位置。

（4）再次单击 ⚙（层次）→"仅影响轴"按钮，退出调整轴状态。这一步的操作是为了设置阵列时的旋转轴心做准备。

（5）选中扇叶，利用"工具"→"阵列"菜单命令复制三个扇叶，即可得到"吊顶电扇"模型，如图 1-6 所示。

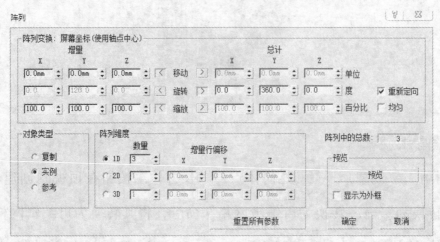

图 1-6

实训二

窗帘模型创建

实训目的与要求

（1）掌握 3Ds Max 软件复合对象命令的操作。

（2）掌握利用复合对象命令创建模型的方法。

实训条件

（1）实训设备：多媒体计算机。

（2）实训软件：Windows7、3Ds Max 软件。

实训内容

（1）3Ds Max 软件中二维图形的绘制操作。

（2）3Ds Max 软件中复合对象命令的操作——放样。

（3）放样命令中调整放样模型的操作。

（4）利用复合对象系列命令，完成窗帘模型的创建，如图 2-1 所示。

图 2-1

 实训步骤

1. 绘制放样的图形和路径

在顶视图中绘制一条开放的曲线，作为放样的截面，在前视图中绘制一条直线，作为放样的路径，如图 2-2 所示。

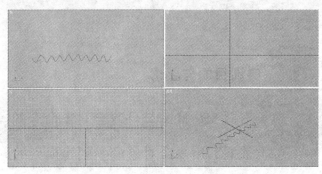

图 2-2

2. 获取放样模型

选中所绘制的直线，选中"放样"工具，单击"获取图形"，在顶视图中选中所绘制的曲线，完成放样。

3. 修改放样模型

修改放样模型的要点：

（1）利用放样工具中的工 缩放 工具修改模型。（注：在"缩放变形"对话框中，在图形曲线上添加一个"bezier角点"，利用"移动"工具调整角点位置，按住"Shift"键同时移动，可以分别调节的两条控制臂）

（2）在"图形命令"卷展栏的"对齐"选项组下单击"左"或是"右"按钮，得到修改完成的放样模型，再利用"镜像"工具复制模型，即可得到最终的窗帘效果。

实训三

楼梯模型创建

实训目的与要求

掌握 3Ds Max 软件中楼梯的建模命令。

实训条件

（1）实训设备：多媒体计算机。

（2）实训软件：Windows7、3Ds Max 软件。

实训内容

（1）3Ds Max 软件中楼梯的建模。

（2）利用楼梯建模系列命令，完成螺旋楼梯模型的创建，如图 3-1 所示。

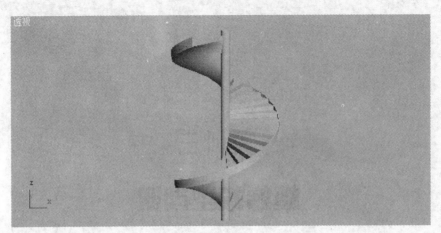

图 3-1

 实训步骤

（1）创建楼梯模型。

（2）调整楼梯参数，如图 3-2 所示。

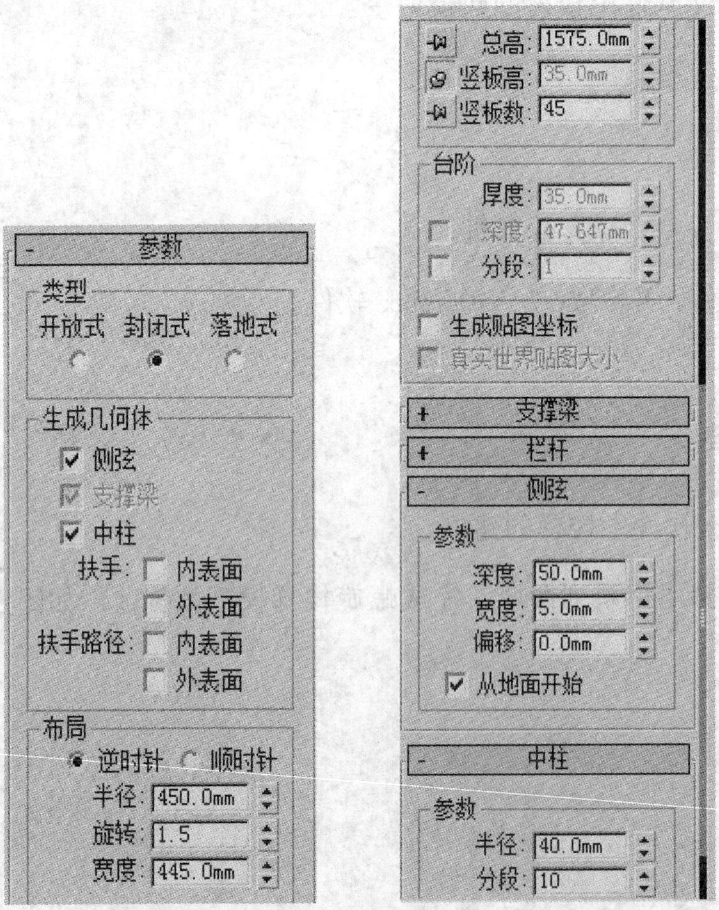

图 3-2

实训四

欧式花瓶模型创建

 实训目的与要求

（1）掌握 3Ds Max 软件中二维图形创建命令的使用。

（2）掌握 3Ds Max 软件中二维图形转变成三维模型的技巧。

 实训条件

（1）实训设备：多媒体计算机。

（2）实训软件：Windows7、3Ds Max 软件。

 实训内容

（1）3Ds Max 软件中二维图形的绘制操作。

（2）3Ds Max 软件中二维图形转化为三维模型的命令——车削。

（3）利用二维图形创建命令和二维图形转变成三维模型的命令，完成欧式花瓶模型的创建，如图 4-1 所示。

图 4-1

 实训步骤

1. 绘制车削的截面线

利用二维线形绘制工具绘制车削的截面线。如图 4-2 所示。（注："车削"命令是通过旋转二维线形来获得三维模型，所以在绘制截面线时要先充分把握所绘制的三维模型的造型特点和细节）

2. 将二维线形转化为三维模型

利用"车削"命令将所绘制的二维线形转化为三维模型。如图 4-3 所示。（注：在设置"车削"参数时，要注意"方向"和"对齐"方式的选择，才能获得想要的模型）

图 4-2

图 4-3

实训五

沙发模型创建

实训目的与要求

掌握 3Ds Max 软件中三维模型修改工具的使用。

实训条件

（1）实训设备：多媒体计算机。

（2）实训软件：Windows7、3Ds Max 软件。

实训内容

（1）3Ds Max 软件中三维模型的创建和二维图形的绘制。

（2）3Ds Max 软件中二维图形转化为三维模型的命令——挤出。

（3）3Ds Max 软件中三维模型的修改操作——FFD 修改器。

（4）3Ds Max 软件中的快速复制操作。

（5）利用三维模型创建命令和三维模型修改命令，完成沙发模型的创建，如图 5-1 所示。

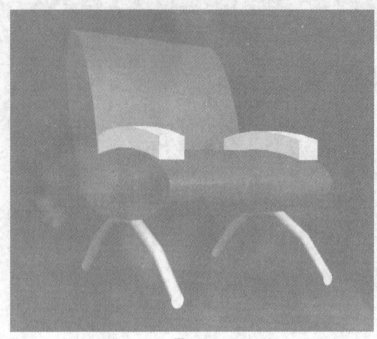

图 5-1

 实训步骤

1. 创建"沙发"的坐垫和靠背

（1）利用"二维图形"绘制命令和"挤出"命令，获得坐垫模型。

（2）利用 工具，按住"Shift"键同时旋转复制一个模型，复制模式为"复制"，获得坐垫和靠背的模型，如图 5-2 所示。（注：在进行快速复制时，有"复制"和"实例"两种模式可以选择，其中"复制"模式中，复制得到的对象与原模型之间没有联系，即修改其中一个，另一个不会有变化；而"实例"模式中，复制得到的对象与原模型之间存在联系，即修改其中一个，另一个也会发生同样的变化）

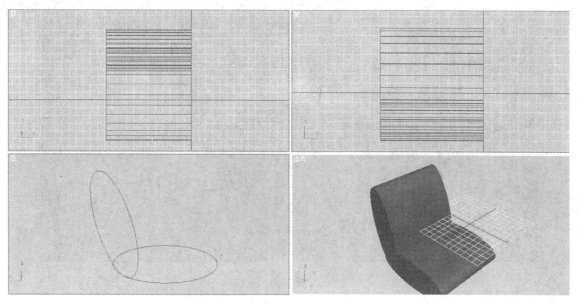

图 5-2

2. 创建沙发的扶手

（1）创建一个"长方体"，利用 "FFD（长方体）"命令修改模型，得到扶手模型。

（2）利用 ✛（选择并移动）工具，按住"Shift"键移动，复制一个长方体，复制模式为"实例"，并调整其位置，如图 5-3 所示。

图 5-3

3. 创建沙发的腿

创建的方法同"扶手"。

实训六

餐桌模型创建

 实训目的与要求

掌握 3Ds Max 软件中利用多边形建模工具创建模型的方法。

 实训条件

（1）实训设备：多媒体计算机。

（2）实训软件：Windows7、3Ds Max 软件。

 实训内容

（1）3Ds Max 软件中三维模型的创建。

（2）3Ds Max 软件中三维模型的修改工具——多边形编辑。

（3）3Ds Max 软件中快速复制的操作。

（4）利用多边形建模工具，完成餐桌模型的创建，如图 6-1 所示。

图 6-1

 实训步骤

1. 创建桌面

（1）创建一个圆柱体，利用"转换为"→"转换为可编辑多边形"工具，进入"点"次对象，结合 ✛（选择并移动）工具调整模型，如图 6-2 所示。

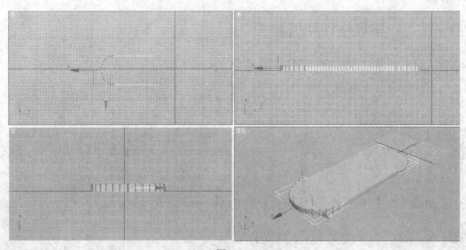

图 6-2

（2）在"编辑多边形"工具中，进入"多边形"次对象，利用"倒角"工具调整桌面模型，得到桌面的倒角效果。

（3）使用同样的方法，对模型的底面也进行倒角操作，最终得到餐桌的桌面模型，如图 6-3 所示。（注：将三维模型转化为"可编辑多边形"之后，会有 5 个编辑的次对象"点"、"边"、"边界"、"多边形"、"元素",每个次对象所可编辑的内容都不相同,要注意的是进入一个次对象之后就只可以选择该次对象下的元素,要想编辑其他次对象类型,需先退出当前次对象之后,再选择想要编辑的次对象类型才可以。如此例中,先进入"点"次对象调整桌面的形状,调整结束后,需要先退出"点"次对象,再进入"多边形"次对象之后,才可以选择桌面模型的"边"来进行"倒角"的编辑)

图 6-3

2. 创建桌面下的底板

创建一个"长方体",利用 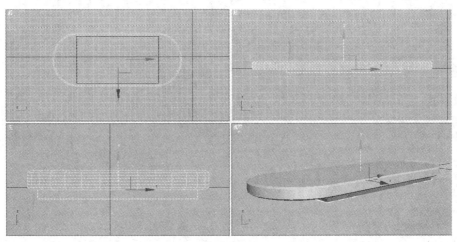 (对齐) 工具,调整其与桌面的位置,如图 6-4 所示。

图 6-4

3. 创建桌腿

（1）创建一个圆柱体利用"选择并缩放"工具，在左视图中调整模型，得到桌腿造型。

（2）利用 ◈（对齐）工具，调整桌腿与底板的位置。利用 ✛（选择并移动）工具，按住"Shift"键进行复制，复制模式为"实例"，复制三个并分别调整位置，即可得到餐桌模型效果。

实训七

会议室模型创建

 实训目的与要求

掌握 3Ds Max 软件中综合利用建模工具创建室内设计场景的方法。

 实训条件

（1）实训设备：多媒体计算机。

（2）实训软件：Windows7、3Ds Max 软件。

 实训内容

（1）3Ds Max 软件中三维模型的创建。

（2）3Ds Max 软件中三维模型的修改操作——多边形编辑。

（3）3Ds Max 软件中快速复制的操作。

（4）3Ds Max 软件中摄像机的创建。

（5）综合利用建模工具和模型修改工具，完成会议室模型的创建，如图 7-1 所示。

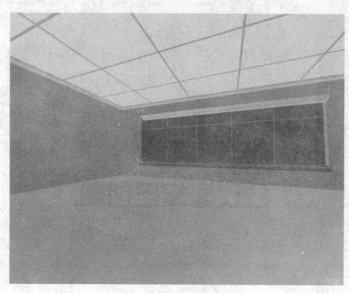

图 7-1

 实训步骤

1. 设置单位

将系统单位和公制均设为毫米。

2. 建立平面框架

（1）在顶视图中创建一个"长方体"，转化为"可编辑多边形"，选中"元素"次对象，点击 翻转 按钮进行翻转，在"元素"次对象下选中长方体，点击鼠标右键选中"忽略背面"命令。效果如图 7-2 所示。（注：此步骤中的"翻转"操作，是指翻转长方体的"法线"方向）

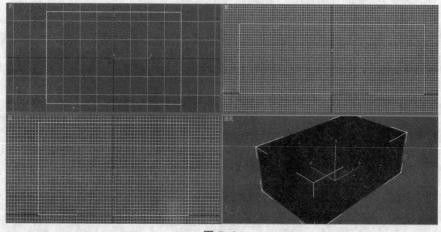

图 7-2

（2）进入"多边形"次对象，将长方体上下面进行分离。分别命名为"天棚"、"地面"。如图 7-3 所示。（注：在整体建模方法中，需要将在材质上与主体不相同的对象分离出来，这样便于后期的材质制作）

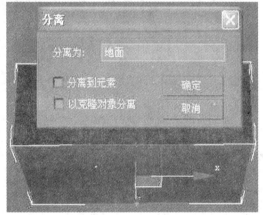

图 7-3

3. 制作天棚

（1）选择"天棚"，进入"边"次对象。选中"天棚"两条边，执行"编辑边"卷展栏下"连接"命令，输入参数如图 7-4 所示，结果如图 7-5 所示。

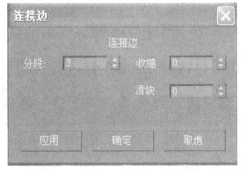

图 7-4

图 7-5

（2）选择"天棚"横向的 5 条边，再次进行连接操作，其参数与结果如图 7-6 所示。（注：原来的 2 条，加上上一步中连接的 3 条，注意必须要 5 条边全部选中才可以继续做连接操作）

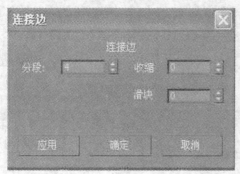

图 7-6

（3）选中"天棚"所有的边，执行"编辑边"卷展栏下的"切角"命令，其参数设置与结果如图 7-7 所示。

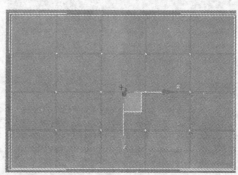

图 7-7

（4）在工具栏中打开 按钮，设置捕捉"顶点"，在上一步所分隔出的矩形框中绘制一个"平面"，并利用"选中并移动"工具，按住"Shift"键进行移动复制，复制模式为"实例"，将所有的小方格都用平面填满。调整其与"天棚"的位置，效果如图 7-8 所示。

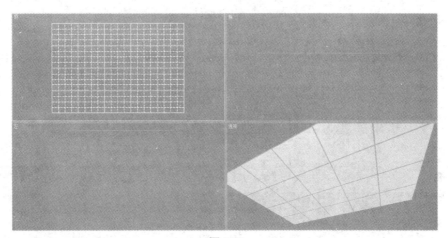

图 7-8

（5）打开捕捉，使用矩形工具绘制与顶面相同大小的框线，转换为可编辑样条线，进行"样条线"次对象，选中矩形，执行"轮廓" 轮廓 0.0mm 命令，数量为150。退出"样条线"次对象，执行"挤出"命令，数量为50，得到"吊顶框"。如图 7-9~图 7-11 所示。

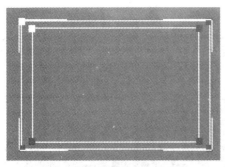

图 7-9

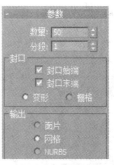

图 7-10

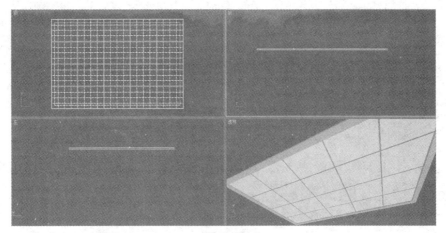

图 7-11

4. 创建窗子

（1）选中要编辑窗体的面，在"边"次对象下执行"连接"命令，再进入"多边形"次对象，选中由刚新建的四条线围成的多边形，执行"编辑多边形"卷展栏下的挤出命令，挤出高度为-200，再进行分离，得到窗体框架。如图 7-12 所示。

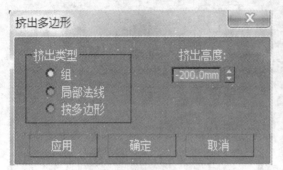

图 7-12

（2）点击窗体左右两条边，执行"连接"命令，分段为 1，利用移动工具在视图调整新增边的位置。如图 7-13 所示。

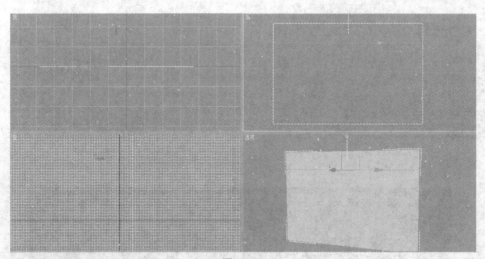

图 7-13

（3）选中横向的 3 条边，再次执行"连接"命令，分段为 4。点击窗体四周的边，执行切角命令，切角量为 50，点击中间的线，执行切角命令，切角量为 10。如图 7-14、图 7-15 所示。

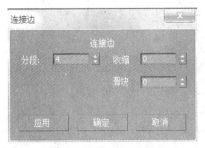

图 7-14

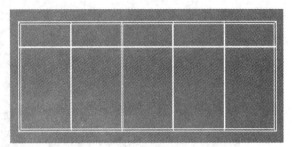

图 7-15

（4）进入"多边形"次对象，将窗体中为玻璃的面删除。如图 7-16 所示。（注：将准备作为玻璃的面一一选中，再删除，之后就可以单独创建一个整体的模型再贴上玻璃材质来作为窗子的玻璃，这样制作的玻璃效果更好、更方便）

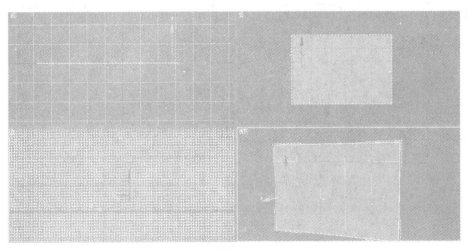

图 7-16

在场景中架设一台目标摄像机，并调整其位置，如图 7-17 所示。渲染后即可得到会议室模型。（注：目标摄像机是制作室内设计效果图时最常用的摄像机，它可以创建一个合适的视角和显示范围来展现室内设计作品中最佳的观赏面和最能体现设计思路的位置。在创建中，需要注意的是要分别调整摄像机的主体和目标点，以及选择合适的焦距来获得最佳的观赏角度）

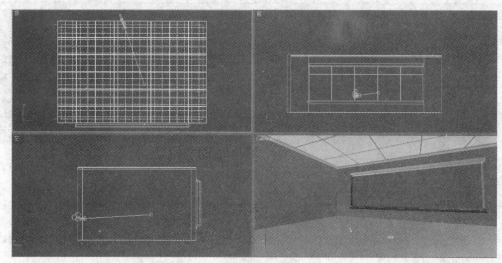

图 7-17

实训八
模型创建实战

 实训目的与要求

掌握3Ds Max 软件中综合利用建模工具创建家具室内场景的方法。

 实训条件

（1）实训设备：多媒体计算机。

（2）实训软件：Windows7、3Ds Max 软件。

 实训内容

（1）导入 AutoCAD 文件。

（2）利用 AutoCAD 文件创建场景。

（3）修改模型，多边形建模。

（4）在场景中导入 3Ds Max 文件。

（5）创建摄像机。

（6）综合利用建模工具和模型修改工具，完成两室两厅室内设计场景模型的创建，如图 8-1 所示。

图 8-1

 实训步骤

1. 两室两厅墙体模型创建

（1）启动 3Ds Max 软件，将单位设置为毫米。

（2）导入 AutoCAD 文件。

选择导入的 CAD 文件，将其移动到原点"0，0"的位置。

（3）冻结导入的对象。（注：为了避免在后面的建模过程中出现误操作，所以需要将导入的 CAD 文件冻结，并且调整被冻结文件的颜色和属性，以便在软件中可以看到和捕捉到被冻结的文件）

（4）打开"捕捉"工具。（注：3Ds Max 软件中的捕捉有三种模式，常用的是"2.5 维捕捉"，这种捕捉模式出现误操作的概率较小）

（5）创建墙体模型。

① 单击"创建/图形/线"按钮，利用"捕捉"工具，在顶视图绘制墙体内部封闭图形。

② 为所绘制图形执行"挤出"命令，"数量"设置为 2650。

③ 将几何体转换为可编辑多边形，进入"元素"子物体层级，选择几何体，翻转法线。关闭"元素"子物体层级，选择几何体，右击鼠标，在弹出的菜单中选择"对象属性"，勾选"背面消隐"选项，进入多边形子物体层级，勾选"忽略背面"。

2. 门窗模型创建

（1）窗框模型创建。

①进入"多边形"子物体层级，在透视图中选择阳台的墙面，将其分离。

②将分离出来的面孤立显示，进入"边"子物体层级，选择垂直的两条边，右击鼠标，在弹出的对话框中选择"连接"按钮，设置分段数为2。

③进入"多边形"子物体层级，选择中间的面，右击鼠标，在弹出的对话框中选择"挤出"按钮，将挤出高度设置为240。

④进入"顶点"子物体层级，在前视图中选择上面一排顶点，右击"选择并移动"按钮，在弹出的对话框中设置"绝对：世界"选项组下 Z 的数值为2400，下方顶点高度为 620。（注：3Ds Max 软件中的"选择并移动"是很常用的功能，一般情况下可结合"捕捉"工具在视图中直接移动对象，也可在 ✥ 图标上单击鼠标右键，弹出坐标对话框，通过输入坐标来实现精确移动）

⑤进入"多边形"子物体层级，将挤出的面分离，制作窗框。

⑥进入"边"子物体层级，水平增加1条边，垂直方向增加3条边。

⑦选择增加的段数，右击鼠标，选择"切角"按钮，设置切角量为30。用同样的方式将四周的边进行切角，切角量为70。

⑧进入"多边形"子物体层级，选择中间的8个面，执行"挤出"命令，挤出高度为−60，将挤出的面删除。进入"点"子物体层级，选择中间一排所有点，移动其位置。

⑨关闭孤立显示对话框，将窗框移动到适当的位置。

⑩进入"边"子物体层级，选择阳台墙体垂直方向的两条边，右击鼠标，单击"连接"按钮，设置分段数为1，将"绝对：世界"的 Z 轴高度设置为2400。进入

"多边形"子物体层级，执行挤出命令，再进入"顶点"子物体层级，单击 2.5 维捕捉开关，将其捕捉到合适的位置。

用同样的方式制作出厨房窗框。

（2）门模型创建。

①进入"边"子物体层级，选择入口垂直方向两条边，右击鼠标，在弹出的对话框中单击"连接"按钮，设置分段数为 1，右击"选择并移动"按钮，在弹出的对话框中设置"绝对：世界"选项组下 Z 的数值为 2400，进入"多边形"子物体层级，右击鼠标，在弹出的对话框中单击"挤出"按钮，挤出高度为-60。

②在顶视图用"线"命令绘制图形。

③进入"样条线"子物体层级，点击所绘制的线段，设置轮廓量为 60。

④关闭"样条线"子物体层级，为图形增加"挤出"命令，挤出数量为 10。如图 8-2 所示。

图 8-2

⑤复制绘制的门套，将其放置合适位置。

⑥用同样的方式绘制出吊顶，将其位置移动到合适的高度。

⑦选择吊顶，为其增加"编辑多边形"命令，修改其形状。

⑧选择墙体，进入"多边形"子物体层级，选中所有多边形，单击切片平面，右击"选择并移动"按钮，在弹出的对话框中设置"绝对：世界"选项组下 Z 的数值为 100，单击"切片"。选择相应多边形，右击鼠标，在弹出的对话框中单击"挤出"按钮，设置挤出高度为 10。

3. 各立面空间模型的创建

（1）选择厨房梁，进入"边"子物体层级，为其增加 1 条边，进入"多边形"子物体层级，选择多边形，右击鼠标，在弹出的对话框中单击"挤出"按钮，设置挤出高度为 2400。

（2）选择墙体，进入"边"子物体层级，为其增加 1 条边，进入"多边形"子物体层级，选择多边形，右击鼠标，在弹出的对话框中单击"挤出"按钮，设置挤出高度为 10。

（3）选择墙体，进入"边"子物体层级，为其增加 8 条边，右击鼠标，在弹出的对话框中单击"切角"按钮，设置切角量为 40。

（4）进入"多边形"子物体层级，选择相应的多边形，右击鼠标，在弹出的对话框中单击"挤出"按钮，设置挤出高度为 20。

4. 家具模型导入与调整

单击菜单栏中的"文件"/"合并"命令，在弹出的"合并文件"对话框中选择对应的文件并单击，移动家具到合适位置。（注：在室内设计效果图的制作中，很多情况下家具等模型都是通过素材导入的，这样可以节省很多时间。和导入 CAD 文件不同的是，在导入 3D 文件时需要选择"合并"命令）

5. 摄像机创建与运用

（1）单击"创建"命令面板中的"摄像机"按钮，在顶视图拖动鼠标创建目标摄像机。在前视图将摄像机移动到高度 1300 左右。激活透视图，按下 C 键，将透视图转换成摄像机视图，如图 8-3 所示。（注：在创建了目标摄像机之后，需要通过视图来观察摄像机的视角是否合适，一般情况下是将透视图视口转化成摄像机视图，然后通过另外三个视图来调整摄像机和目标点的位置来获得最佳的拍摄角度）

图 8-3

（2）修改"镜头"为 20mm，调整摄像机角度到合适位置，即可得到想要的场景效果。

实训九

金属材质创建

实训目的与要求

掌握 3Ds Max 软件中制作金属材质的方法和技巧。

实训条件

（1）实训设备：多媒体计算机。

（2）实训软件：Windows7、3Ds Max 软件。

实训内容

（1）3Ds Max 软件中材质编辑器的使用。

（2）利用材质编辑器设置材质参数，完成金属材质的创建，如图 9-1 所示。

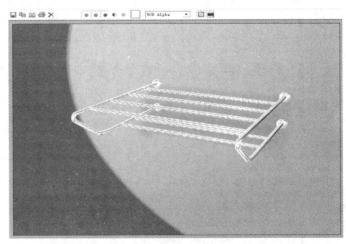

图 9-1

实训步骤

（1）打开配套光盘中已经制作好的毛巾架模型。

（2）打开材质编辑器，选择一个材质球来制作材质，命名为"金属"，在"明暗器基本参数"中选择"金属"明暗器。（注：3Ds Max 软件的材质编辑器中有多种明暗器可供选择，我们要根据实际材质的类型来选择合适的明暗器）

（3）设置"金属基本参数"。设置"环境光"的 RGB 值为 0，0，0，设置"漫反射"的 RGB 值为 255，255，255，设置"反射高光"选项栏的"高光级别"和"光泽度"分别为 100 和 80。（注：一般情况下"环境光"与"漫反射"的颜色是锁定在一起的，即更改其中一个，另一个也会随之更改，所以要先单击 Ⓒ 按钮解除锁定，才能分别设置"环境光"与"漫反射"的颜色）

（4）为材质添加贴图。进入"贴图"卷展栏，在"反射"后单击 None 按钮，在弹出的 材质/贴图浏览器 对话框中选择"位图"贴图方式。（注：材质编辑器中有多种贴图模式可供选择，一般情况下制作金属材质时需表现材质的反光效果，所以要选择"反射"通道。而"位图"贴图模式是常用的贴图模式，可将我们平常整理的材质素材作为贴图来制作材质）

（5）调整材质贴图。在"坐标"卷展栏中选择贴图为"球形环境"，设置"平铺"下的"U、V"值分别为 0.4、0.1。（注：这里的"U、V、W"即软件坐标中的"X、Y、Z"，设置"平铺"值即是设置该贴图在对应坐标下的平铺数量）

（6）材质编制完成后，在场景选中毛巾架，单击材质编辑器中的 ⚏ （将材质指定给选定对象）按钮，为毛巾架添加金属材质。

实训十

布料材质创建

实训目的与要求

掌握 3Ds Max 软件中制作布料材质的方法和技巧。

实训条件

（1）实训设备：多媒体计算机。

（2）实训软件：Windows7、3Ds Max 软件。

实训内容

利用材质编辑器设置材质参数，完成布料材质的创建，如图 10-1 所示。

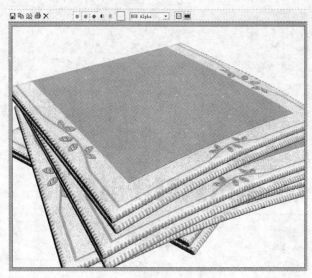

图 10-1

 实训步骤

（1）打开配套光盘中已制作好的浴巾模型——浴巾.max。

（2）打开材质编辑器，选择一个材质球制作材质，命名为"浴巾"。在"明暗器基本参数"中选择"Oren-Nayar-Blinn"明暗器模式，如图 10-2 所示。

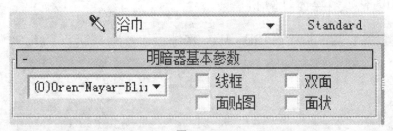

图 10-2

（3）在基本参数中设置"环境光"、"漫反射"、"高光反射"为 255、246、149，"粗糙度"设置为 30，"高光级别"设置为 5，"光泽度"设置为 5，"柔化"设置为 1，如图 10-3 所示。

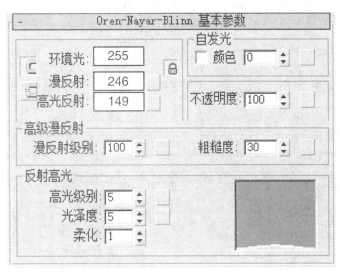

图 10-3

（4）打开"贴图"卷展栏，点击"漫反射颜色"后的 [None] 按钮，选择"位图"贴图模式，选择配套光盘中的"浴巾贴图.jpg"。之后点击 （转到父对象）按钮，回到"贴图"界面，将"漫反射颜色"后的贴图通过拖到复制的方式，分别复制到"高光级别"和"凹凸"通道，复制方式为"实例"，并设置"高光级别"为 60、"凹凸"为 30。如图 10-4 所示。

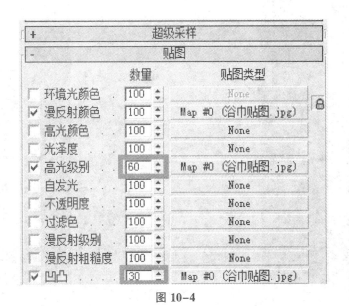

图 10-4

（5）此时发现该浴巾贴图两边有黑边，效果不好，需要进行剪裁调整。点击"漫反射颜色"后的 [Map #0 (浴巾贴图.jpg)] 按钮，进入贴图设置界面，在"位图参数"

卷展栏中点击 查看图像 按钮，弹出 指定裁剪/放置 (1:4) 对话框，移动图像两边的裁剪框，去除图像两边的黑边，再勾选 □ 应用 选项，应用裁剪操作，如图 10-5、图 10-6 所示。(注：裁剪了贴图之后，一定要勾选 □ 应用 选项才能使裁剪生效)

图 10-5

图 10-6

（6）将材质指定给浴巾模型，按下 F9 在透视图中渲染。

实训十一

玻璃材质创建

实训目的与要求

掌握3Ds Max 软件中制作玻璃材质的方法和技巧。

实训条件

（1）实训设备：多媒体计算机。

（2）实训软件：Windows7、3Ds Max 软件。

实训内容

利用材质编辑器设置材质参数，完成玻璃材质的创建，如图 11-1 所示。

图 11-1

 实训步骤

（1）打开软件，创建一个球体，再创建一个平面，调整位置，如图 11-2 所示。

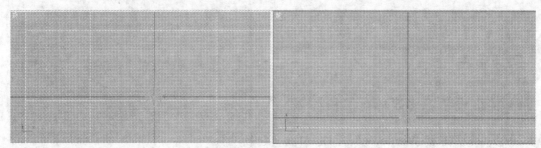

图 11-2

（2）打开材质编辑器，选择一个材质制作玻璃材质，命名为"玻璃"，点击命名栏旁的 Standard 按钮，在弹出的 材质/贴图浏览器 对话框中选择"光线跟踪"模式，在"光线跟踪基本参数"卷展栏中选择"Phong"明暗处理模式，如图 11-3 所示。（注：一般在制作玻璃或水等具有透明并有反光特性的材质时，可以选择"光线跟踪"模式，不过该模式下渲染速度会相对比较慢）

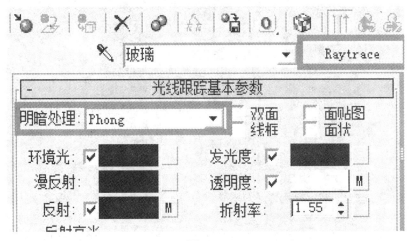

图 11-3

（3）设置光线跟踪基本参数："漫反射"RGB 设置为 0，0，0；"透明度"RGB 设置为 255，255，255；"高光级别"设置为 200；"光泽度"设置为 70，如图 11-4 所示。

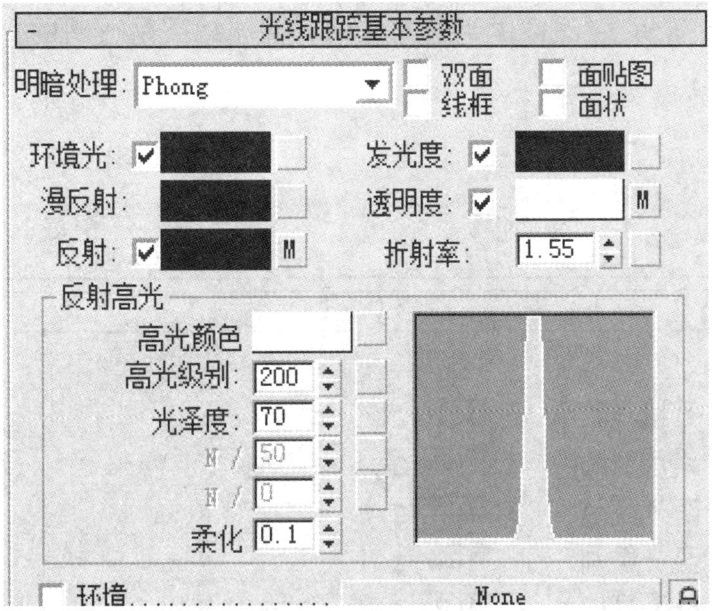

图 11-4

（4）进入"贴图"卷展栏，点击"反射"后的 None 按钮，在弹出的对话框中选择"衰减"贴图。将材质指定给场景中的球体，如图 11-5 所示。

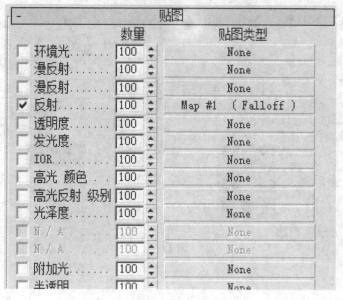

图 11-5

（5）选择一个材质球，命名为"地板"，直接进入"贴图"卷展栏，点击"漫反射颜色"后的 ▢▢▢▢▢ None ▢▢▢▢▢ 按钮，选择"木材"贴图。将材质指定给场景的平面。如图 11-6 所示。（注：由于所制作的玻璃球材质是透明的，所以创建一个背景能更好地观察效果）

✗	地板	▼	Standard

-	贴图	
	数量	贴图类型
☐ 环境光颜色 . .	100 ↕	None
☑ 漫反射颜色 . .	100 ↕	木材 （Wood）
☐ 高光颜色 . .	100 ↕	None
☐ 高光级别 . .	100 ↕	None
☐ 光泽度 . .	100 ↕	None
☐ 自发光 . .	100 ↕	None
☐ 不透明度 . .	100 ↕	None

图 11-6

（6）创建灯光。创建几盏"泛光灯"，设置参数并调整位置。玻璃材质需要在场景中配合创建灯光才可以完全展示其效果，所以现在我们在场景创建一些灯光。在场景中创建一盏"泛光灯"，在"修改"面板中修改其灯光参数，如图 11-7 所示，再在场景中利用移动复制的方法复制 3 个，复制模式为"实例"，调整其位置，如图 11-8 所示。

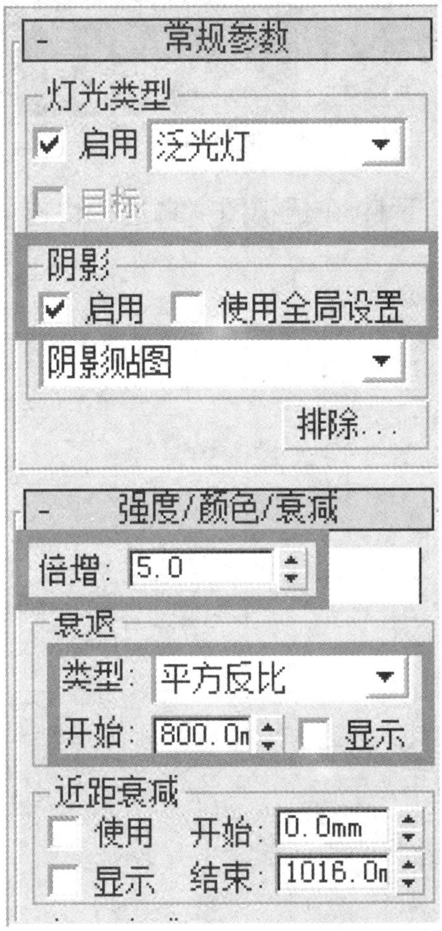

图 11-7

图 11-8

（7）全部设置完成，按下 F9 在透视图窗口进行快速渲染。

实训十二
客厅模型主要材质的创建

 实训目的与要求

掌握 3Ds Max 软件中利用 VRay 工具制作客厅模型主要材质的方法和技巧。

 实训条件

（1）实训设备：多媒体计算机。

（2）实训软件：Windows7、3Ds Max 软件。

 实训内容

（1）VRay 材质编辑器的设置。

（2）利用 VRay 工具制作客厅模型主要材质，效果如图 12-1 所示。

图 12-1

 实训步骤

1. 乳胶漆材质

（1）按 M 键，打开材质编辑器，选择第一个材质球，单击 Standard 按钮，在弹出的"材质/贴图浏览器"对话框中选择"VRayMtl"材质，单击"确定"按钮，将材质赋给墙面，如图 12-2 所示。

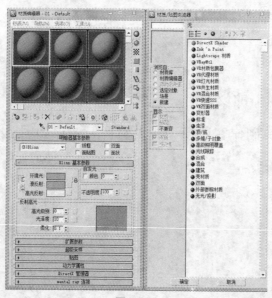

图 12-2

（2）将材质命名为"浅色乳胶漆"，设置漫反射颜色值（红：190、绿：160、蓝：110），反射值（红：20、绿：20、蓝：20），开启高光光泽度 L 按钮，高光光泽度值设置为 0.25，在选项卷展栏中的跟踪反射选项取消。参数设置如图 12-3 所示。

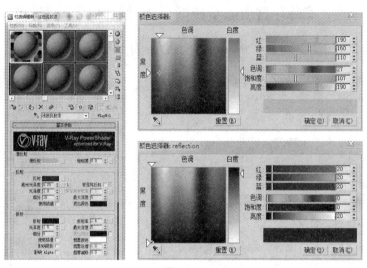

图 12-3

2. 墙砖材质

（1）选择一个空白材质球，将其指定为 VRay 材质，材质命名为"墙砖"，将材质赋给砖墙，单击漫反射右边的 ■ 按钮，选择"位图"选项，在弹出的对话框中选择相应的图片，"坐标"卷展栏中的"模糊"为 0.5，如图 12-4 所示。（注：设置"模糊"参数可以让贴图更加清晰）

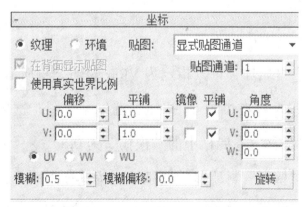

图 12-4

（2）在"贴图"卷展栏中，将"漫反射"中的位图复制到"凹凸"通道中，将数量设置为 60，如图 12-5 所示。（注：在需要表现材质表面有粗糙、凹凸不平的效果时，一般在"凹凸"通道中贴上与"漫反射"通道中同样的贴图）

（3）将调制好的"墙砖"材质赋给砖墙，为其增加一个"UVW 贴图"命令，在贴图方式下选择"平面"即可，修改"长度"为 800、"宽度"为 800，如图 12-6 所示。（注："UVW 贴图"命令可以调整材质的尺寸来达到现实中材质的效果）

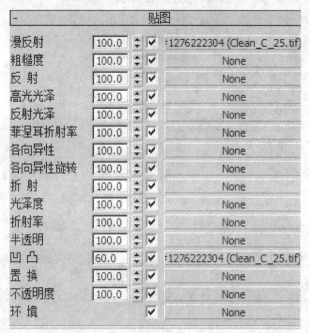

图 12-5

图 12-6

3. 壁纸材质

（1）选择一个空白材质球，将其指定为 VRay 材质，材质命名为"壁纸"，将材质赋给壁纸墙，单击漫反射右边的 ▇ 按钮，选择"位图"选项，在弹出的对话框中选择相应的图片，"坐标"卷展栏中的"模糊"为 0.5。

（2）将调制好的"壁纸"材质赋给壁纸墙，为其增加一个"UVW 贴图"命令，在贴图方式下选择"立方体"，修改"长度"为 0、"宽度"为 500、"高度"为 500。

（3）在"贴图"卷展栏中，将"漫反射"中的位图复制到"凹凸"通道中，将数量设置为45。

4.地砖材质

（1）选择一个空白材质球，将其指定为 VRay 材质，材质命名为"地砖"，将材质赋给地面，单击漫反射右边的▇按钮，选择"位图"选项，在弹出的对话框中选择相应的图片。

（2）设置"坐标"卷展栏中的"模糊"为0.01。

（3）在"反射"中添加"衰减"贴图。（注："衰减"贴图可模拟现实中的光线由名到暗的衰减效果）

（4）在"贴图"卷展栏中，将"漫反射"中的位图复制到"凹凸"通道中，将数量设置为100。

（5）选择砖墙，为其增加一个"UVW 贴图"命令，在贴图方式下选择"平面"，修改"长度"为480、"宽度"为480。

5.沙发布纹

（1）选择一个空白材质球，将其指定为 VRay 材质，材质命名为"沙发布纹"，将材质赋给沙发，单击漫反射右边的▇按钮，选择"衰减"选项，设置"坐标"卷展栏中的"模糊"为0.5。

（2）在"贴图"卷展栏中的"凹凸"通道中添加一幅位图，将数量设置为200。

（3）选择沙发，为其增加一个"UVW 贴图"命令，在贴图方式下选择"立方体"，修改"长度"为150、"宽度"为150。

6.地毯材质

（1）选择一个空白材质球，将其指定为 VRay 材质，材质命名为"地毯"，将材质赋给地毯，单击漫反射右边的▇按钮，选择"位图"选项，在弹出的对话框中选择相应的图片。

（2）在"反射"中添加"衰减"贴图。

（3）在"贴图"卷展栏中，将"漫反射"中的位图复制到"凹凸"通道中，将数量设置为 150。

（4）选择地毯，为其增加一个"UVW 贴图"命令，在贴图方式下选择"平面"，修改"长度"为 800、"宽度"为 800。

7. 茶几白色混油材质

（1）选择一个空白材质球，将其指定为 VRay 材质，材质命名为"白色混油"，将材质赋给混油家具，将漫反射颜色改为白色。

（2）在"反射"中添加"衰减"贴图。

8. 吊顶木纹材质

（1）选择一个空白材质球，将其指定为 VRay 材质，材质命名为"吊顶木纹"，将材质赋给吊顶，单击漫反射右边的 ▨ 按钮，选择"位图"选项，在弹出的对话框中选择相应的图片，设置"坐标"卷展栏中的"模糊"为 0.5。

（2）在"反射"中添加"衰减"贴图。

（3）在"贴图"卷展栏中，将"漫反射"中的位图复制到"凹凸"通道中，将数量设置为 20。

（4）选择吊顶，为其增加一个"UVW 贴图"命令，在贴图方式下选择"立方体"，修改"长度"为 300、"宽度"为 300、"高度"为 1520。

实训十三

卫生间模型主要材质的创建

 实训目的与要求

掌握 3Ds Max 软件中利用 VRay 工具制作卫生间模型主要材质的方法和技巧。

 实训条件

（1）实训设备：多媒体计算机。

（2）实训软件：Windows7、3Ds Max 软件。

 实训内容

利用 VRay 工具制作卫生间模型主要材质，效果如图 13-1 所示。

图 13-1

 实训步骤

1. 顶面材质

（1）按 M 键，打开材质编辑器，选择第一个材质球，单击 Standard 按钮，在弹出的"材质/贴图浏览器"对话框中选择"VRayMt1"材质，单击"确定"按钮，如图 13-2 所示。

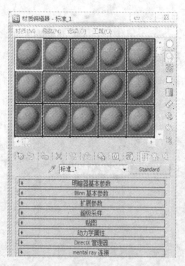

图 13-2

（2）将材质命名为"顶面"，设置漫反射颜色（红：230、绿：230、蓝：230），将其赋给顶面，设置反射颜色为（红：20、绿：20、蓝：20），在"选项"卷展栏中将跟踪反射去除，设置如图 13-3 所示。

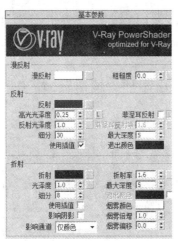

图 13-3

2. 马赛克

（1）选择一个空白材质球，将其指定为 VRay 材质，材质命名为"马赛克"，将其赋给马赛克墙面，单击漫反射右边的■按钮，选择"位图"选项，在弹出的对话框中选择相应的图片，"坐标"卷展栏中的"模糊"为 0.01。

（2）在"反射"中添加"衰减"，参数设置如图 13-4 所示。

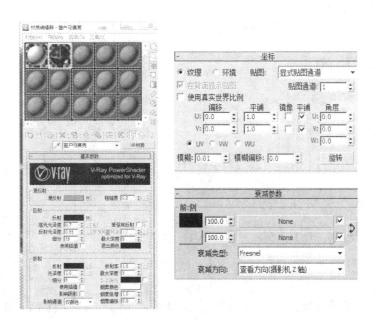

图 13-4

3. 陶瓷材质

（1）选择一个空白材质球，将其指定为 VRay 材质，材质命名为"陶瓷"，将其赋给洗手台、马桶和装饰品，设置漫反射颜色为白色。

（2）在"反射"中添加"衰减"贴图。

（3）在"贴图"卷展栏中，在"漫反射"中添加"输出"，输出量为 2.0。

4. 木纹材质

（1）选择一个空白材质球，将其指定为 VRay 材质，材质命名为"木纹"，将其赋给柜子和地台，单击漫反射右边的 ■ 按钮，选择"位图"选项，在弹出的对话框中选择相应的图片。

（2）设置"坐标"卷展栏中的"模糊"为 0.5。

（3）在"反射"中添加"衰减"贴图。

（4）在"贴图"卷展栏中，将"漫反射"中的位图复制到"凹凸"通道中，将数量设置为 5。

（5）为柜子和地台各添加一个"UVW 贴图"命令。

5. 镜子材质

（1）选择一个空白材质球，将其指定为 VRay 材质，材质命名为"镜子"，将其赋给镜子，设置漫反射颜色为黑色。

（2）设置反射颜色为白色。

6. 玻璃材质

（1）选择一个空白材质球，将其指定为 VRay 材质，材质命名为"玻璃"，将其赋给玻璃门，设置漫反射颜色为白色。

（2）设置反射颜色（红：50、绿：59、蓝：50）。

7. 不锈钢材质

（1）选择一个空白材质球，将其指定为 VRay 材质，材质命名为"不锈钢"，将其赋给镜前灯和花洒，设置漫反射颜色为黑色。

（2）设置反射颜色（红：230、绿：230、蓝：230）。

实训十四

灯带的创建

实训目的与要求

掌握 3Ds Max 软件中利用创建灯光工具制作灯带的方法和技巧。

实训条件

（1）实训设备：多媒体计算机。

（2）实训软件：Windows7、3Ds Max 软件。

实训内容

（1）3Ds Max 软件中标准灯光的创建。

（2）3Ds Max 软件中光度学灯光的创建。

（3）利用泛光灯和光度学灯光制作灯带。

实训步骤

1. 泛光灯灯带的创建

（1）打开在高级模型创建项目中创建的会议室场景，如图 14-1 所示。

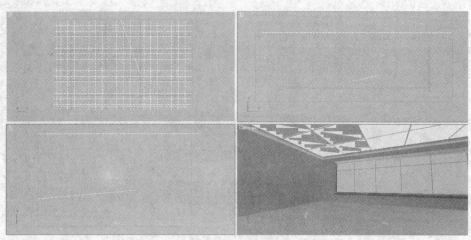

图 14-1

（2）在场景中选中"天棚"和"吊顶框"，单击鼠标右键，选中"隐藏未选定对象"，隐藏其他模型，方便我们创建灯光，如图 14-2 所示。（注：在制作效果图时，有时候场景中的模型很多很杂，这样我们在编辑某个模型时就显得比较困难，所以就需要将不参与编辑的对象"隐藏"起来，或是将要编辑的对象"孤立"出来，以便于操作）

图 14-2

（3）在场景中创建一盏"泛光灯"，并调整其位置，如图 14-3 所示。泛光灯是从单个光源向各个方向投射光线，一般情况下泛光灯用于将辅助照明添加到场景中。这种类型的光源常用于模拟灯泡和荧光棒等效果。

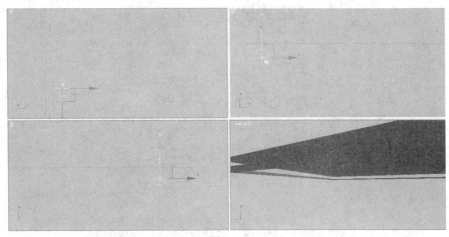

图 14-3

（4）进入"修改"面板，在"强度/颜色/衰减"卷展栏下，勾选 [远距衰减 使用 开始 80.0mm 显示 结束 200.0mm] 选项，在视图中利用 [□] "选择并均匀缩放"工具调整灯光的衰减范围。如图 14-4 所示。（注："远距衰减"选项组中的"开始"参数设置灯光开始淡出的距离。"结束"参数设置灯光减为 0 的距离）

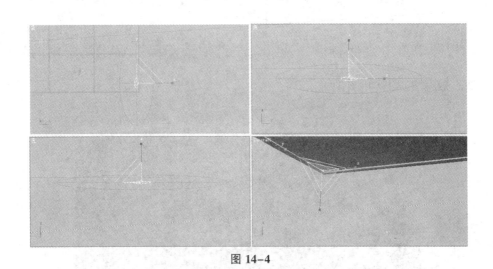

图 14-4

（5）设置灯光参数，如图 14-5 所示。在视图中利用"选择并移动"工具，按住"Shift"键移动复制，复制模式为"实例"，如图 14-6 所示。（注：横向的灯需要旋转调整其照明的衰减方向）

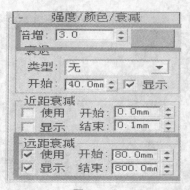

图 14-5

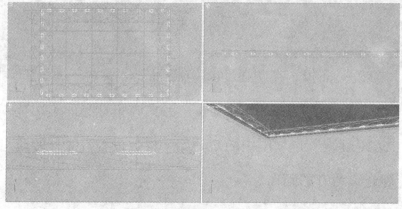

图 14-6

（6）在视图中单击鼠标右键，选择"全部取消隐藏"显示场景内的其他模型。按 F9 渲染，效果如图 14-7 所示。

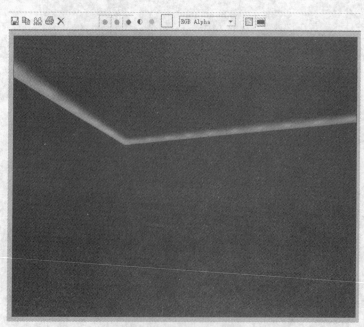

图 14-7

（7）这时发现场景中太黑，所以在场景中再添加几盏泛光灯作场景照明，其参数与位置如图 14-8 所示。

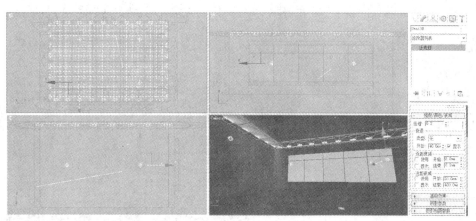

图 14-8

（8）执行渲染，最终效果如图 14-9 所示。

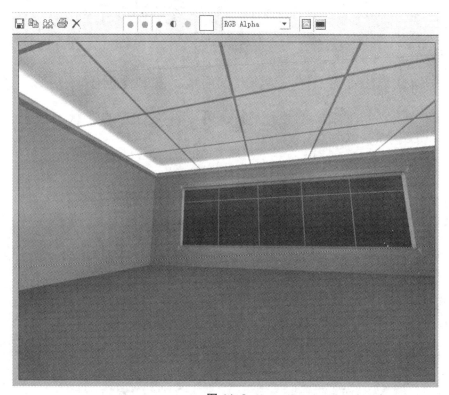

图 14-9

2. 光度学灯光创建灯带

（1）打开会议室素材，选中"天棚"与"吊顶框"，隐藏其他物体。

（2）在场景中创建一盏"光度学"灯光中的"自由灯光"，调整其位置，如图 14-10 所示。（注：光度学灯光中有"目标灯光"和"自由灯光"两种，"自由灯光"类似于"目标灯光"，但是自由点光源没有目标对象，只能通过变换操作将其指向灯光）

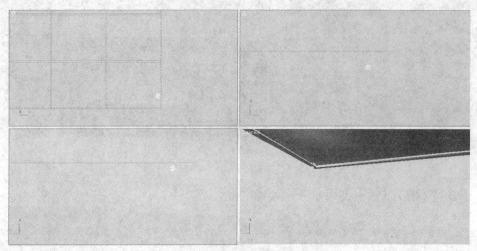

图 14-10

（3）选中所创建的灯光，进入"修改"面板，在"图形/区域阴影"卷展栏中调整其参数，如图 14-11 所示。（注：该参数可以调整灯光的形状来模拟现实中的灯光效果）

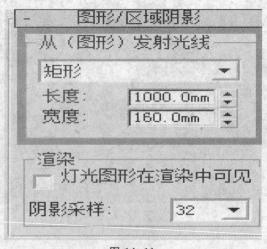

图 14-11

（4）在视图中利用"选择并移动"工具对灯光进行复制，复制模式为"实例"，并调整位置，如图 14-12 所示。

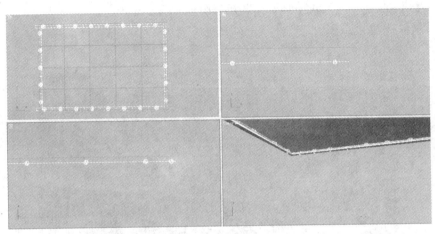

图 14-12

（5）点击鼠标右键取消隐藏物体，并在场景中添加几盏泛光灯作场景照明（同泛光灯灯带操作），渲染后效果如图 14-13 所示。

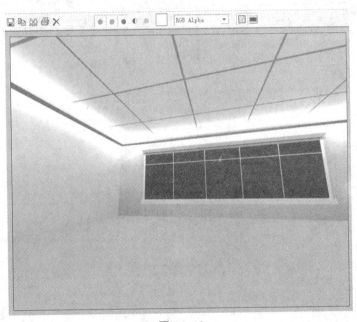

图 14-13

（6）如效果不理想，需要进一步调整。先降低灯光的亮度，在"强度/颜色/衰减"中调整其强度为　，再在"常规参数"卷展栏中点击　排除　按钮，将不需要灯带照明的物体排除。(注:在制作灯带时,现实中的灯带是不照射墙壁的,所以在渲染时要将墙体模型排除在灯带的照射范围之外)

(7)再次执行渲染,此时的效果如图 14-14 所示。

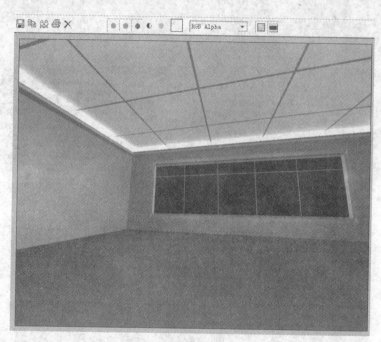

图 14-14

实训十五

VRay 高级灯光创建

 实训目的与要求

掌握 3Ds Max 软件中利用 VRay 创建灯光工具制作高级灯光的方法和技巧。

 实训条件

（1）实训设备：多媒体计算机。

（2）实训软件：Windows7、3Ds Max 软件。

 实训内容

利用VRay 创建灯光工具制作高级灯光。

 实训步骤

1. 创建 VRay 平面光源

（1）打开素材文件。

（2）单击 ▼（灯光）— VR灯光 按钮，在左视图中窗户的位置创建一盏 VR 平面光，颜色为暖色，"倍增器"设置为 5，勾选"不可见"选项，位置与参数如图 15-1 所示。

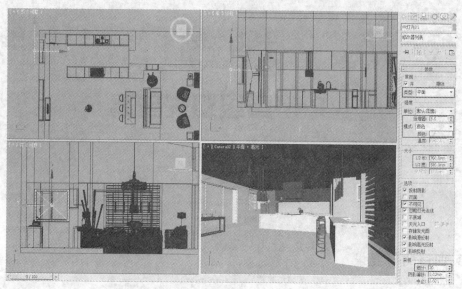

图 15-1

（3）复制 VR 平面光，将其置于另一窗户位置，调整大小，位置与参数如图 15-2 所示。

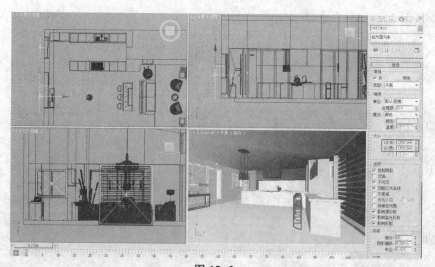

图 15-2

（4）再次创建一盏 VR 平面光，放在外面较远处，旋转其角度，修改亮度及尺寸，位置及参数如图 15-3 所示。

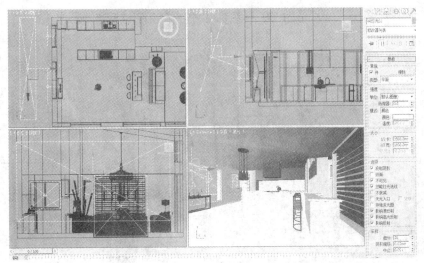

图 15-3

（5）单击 ⚙ （快速渲染）按钮进行渲染，效果如图 15-4 所示。

图 15-4

2. 创建 VRay 球面光源

（1）打开文件。

（2）单击 💡 （灯光）— VR灯光 按钮，首先在"类型"右侧下拉列表中选择 "球体"，在顶视图单击鼠标，创建一盏 VR 球形灯，放置在合适的位置，将灯光颜色设置为暖色（红、绿、蓝的值分别为 253、178、47），"倍增器"设置为 50，"半径"设置为 50，"细分"设置为 20，参数及位置如图 15-5 所示。

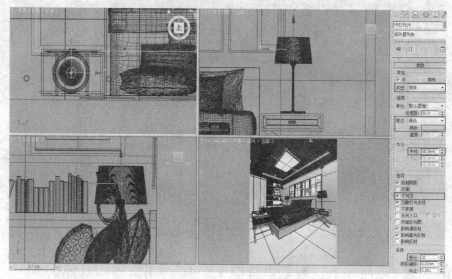

图 15-5

（3）将创建的 VRay 球形灯按实例方式复制一盏，参数及位置如图 15-6 所示。

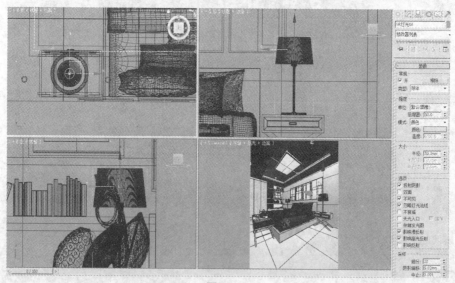

图 15-6

（4）按"Shift+Q"键，快速渲染摄像机视图，效果如图 15-7 所示。

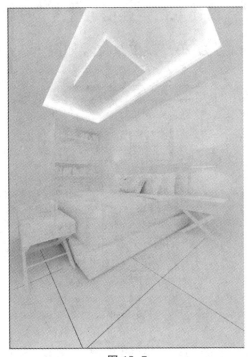

图 15-7

3. 创建 VRay 阳光

（1）打开文件。

（2）单击 ![灯光图标]（灯光）— VR太阳 按钮，在顶视图创建一盏 VRay 阳光，在各个视图调整其位置，如图 15-8 所示。

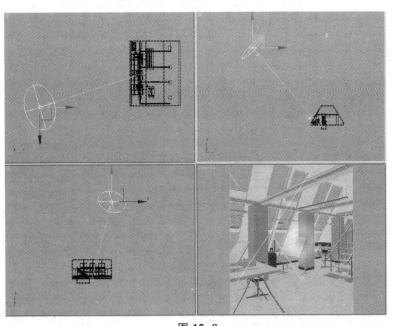

图 15-8

（3）将灯光的"浊度"设置为2，"强度倍增器"设置为0.05，"尺寸倍增器"设置为3，"阴影细分"设置为20，参数及位置如图15-9所示。

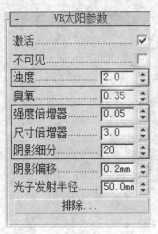

图 15-9

（4）按"Shift+Q"键，快速渲染摄像机视图，效果如图15-10所示。

图 15-10

4. 创建 VRay 灯带

（1）打开文件。

（2）单击 ⚡（灯光）— `VR灯光` 按钮，在前视图拖动鼠标一盏 VRay 平面光，其位置和参数如图 15-11 所示。

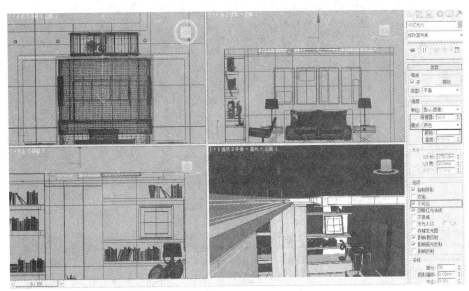

图 15-11

（3）选中创建的 VRay 灯光，将其复制旋转，位置如图 15-12 所示。

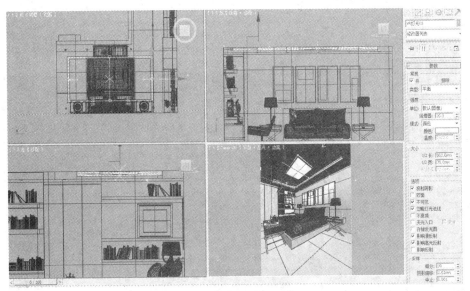

图 15-12

（4）按"Shift+Q"键，快速渲染摄像机视图，效果如图 15-13 所示。

图 15-13

实训十六

创建室外 VRay 光源

 实训目的与要求

掌握 3Ds Max 软件中利用 VRay 创建灯光工具制作室外光源的方法和技巧。

 实训条件

（1）实训设备：多媒体计算机。

（2）实训软件：Windows7、3Ds Max 软件。

 实训内容

利用 VRay 创建灯光工具制作室外光源。

 实训步骤

1. 创建室外 VRay 光源

（1）打开文件。

（2）单击 ▒（灯光）—— ▊VR灯光▊ 按钮，在左视图中窗户的位置创建一盏 VR

平面光，大小与位置如图 16-1 所示。

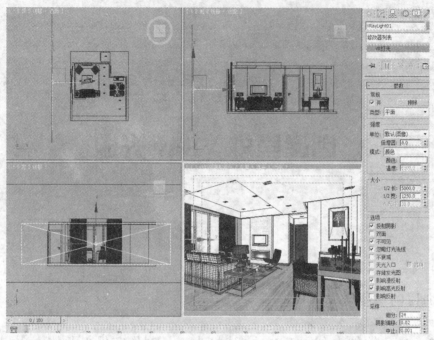

图 16-1

2. 创建室内 VRay 主光源

（1）单击 （灯光）— 目标灯光 按钮，在前视图拖动鼠标，创建一盏目标灯光，将它移动到任意一盏筒灯的位置，单击 （修改）按钮，进入"修改"命令面板，启用"阴影"选项，阴影方式选择"VRay 阴影"选项，在"常规参数"卷展栏中"灯光分布（类型）"下方选择"光度学 Web"。

（2）在"分布（光度学 Web)"卷展栏中单击 ＜选择光度学文件＞ 按钮，在弹出的"打开光域网"对话框中选择".IES"文件。

（3）在"强度/颜色/衰减"卷展栏中，修改灯光强度为 10000，将其实例复制到视图相应的位置，如图 16-2 所示。

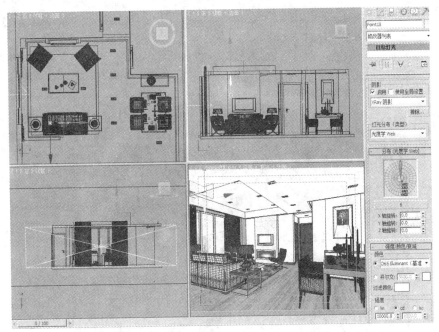

图 16-2

3. 创建室内 VRay 辅光源

（1）单击 ▼（灯光）— VR灯光 按钮，在顶视图创建一盏 VR 灯光，在各个视图调整其位置，参数及位置如图 16-3 所示。

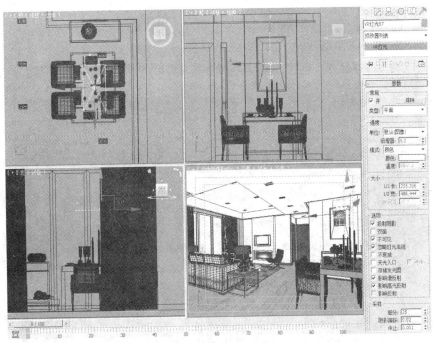

图 16-3

（2）单击 — VR灯光 按钮，在顶视图创建一盏 VR 灯光，将"参数"卷展栏下的类型改为"球体"，调整其参数及位置，实例方式复制一盏到相应的位置，如图 16-4 所示。

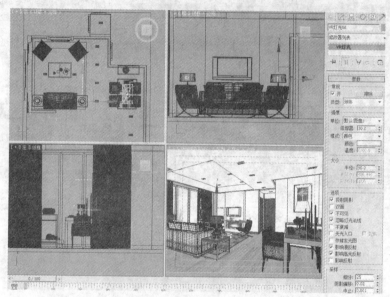

图 16-4

4. 创建室内 VRay 装饰光源

（1）单击 — VR灯光 按钮，在顶视图创建一盏 VR 灯光，在各个视图调整其参数及位置。

（2）选中创建的 VRay 灯光，将其复制并旋转移动到相应的位置，并修改其长度尺寸，如图 16-5 所示。

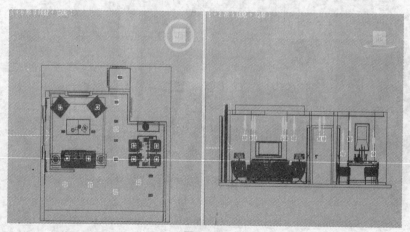

图 16-5

实训十七

效果图 VRay 渲染

实训目的与要求

掌握 3Ds Max 软件中利用 VRay 渲染器渲染最终效果图。

实训条件

（1）实训设备：多媒体计算机。

（2）实训软件：Windows7、3Ds Max 软件。

实训内容

利用VRay 渲染器渲染最终效果图，如图 17-1 所示。

图 17-1

 实训步骤

1. 材质细分

按 M 键打开材质编辑器，将场景内的主要材质细分值提高。

2. 灯光细分

（1）在顶视图中选中创建的任意一盏 VRay 灯光，将它的灯光细分值提高为 25。因为是使用实例的方式进行复制，所以只需修改其中一盏即可。

（2）选中创建的任意一盏目标灯光，在"VRay 阴影参数"卷展栏中将其细分值提高为 15。

（3）选中创建的 VRay 球形灯，将其细分值提高为 25。

3. 设置最终渲染参数

（1）按 F10 键打开渲染设置面板。保持默认尺寸大小，将其锁定，如图 17-2 所示。

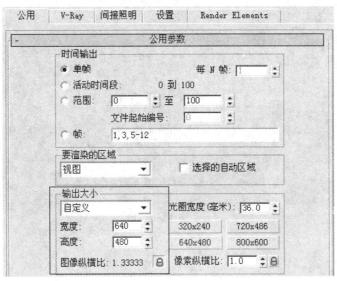

图 17-2

（2）在"VRay∷全局开关"卷展栏中，将"默认灯光"勾选去除。

（3）设置"VRay∷图像采样器（反锯齿）"、"VRay∷颜色贴图"卷展栏中的参数，如图 17-3 所示。

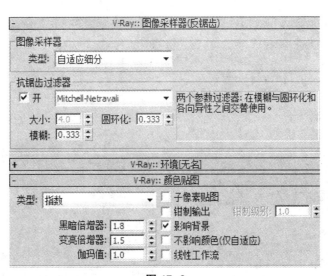

图 17-3

（4）在"VRay∷间接照明（GI）"卷展栏中设置相关参数，如图 17-4 所示。

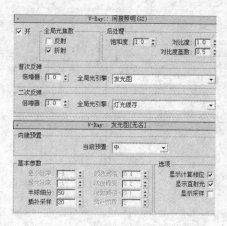
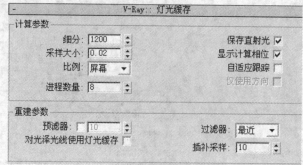

图 17-4

4. 渲染光子图

当各项参数调整完成后，开始渲染光子图。

5. 保存与加载光子图

（1）在"VRay：：发光图（无名）"卷展栏中单击 保存 按钮，在弹出的 "保存发光贴图"对话框中选择一个路径，命名为"客厅光子图"，单击 保存 按 钮，如图 17-5 所示。

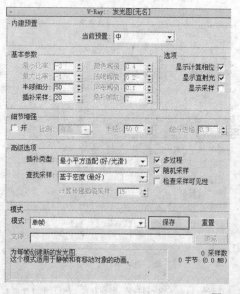

图 17-5

（2）在模式右侧的下拉列表框中选择"从文件"选项，单击 [浏览] 按钮，在弹出的对话框中选择刚才保存的"客厅光子图.vrmap"文件，如图 17-6 所示。

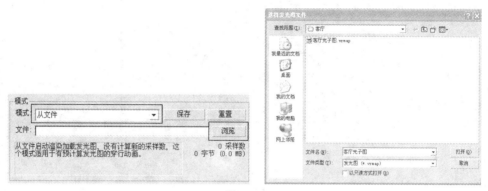

图 17-6

（3）用相同的方式将"VRay：灯光缓存"卷展栏中的光子图保存起来，然后再进行加载，如图 17-7 所示。

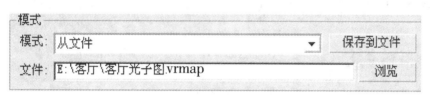

图 17-7

6. 设置输出尺寸

在"渲染场景"对话框中单击"公用"选项卡，设置输出尺寸为 2000×1500，单击 [渲染] 按钮，如图 17-8 所示。

图 17-8

7. VRay 渲染图输出

（1）渲染完成后，单击"保存"按钮，将渲染后的图进行保存，文件名为"客厅.tif"，如图 17-9 所示。

图 17-9

（2）在弹出的"TIF 图像控制"对话框中勾选"存储 Alpha 通道"选项，单击"确定"按钮保存图像。